动物园里的朋友们

（第一辑）

我是狮子

［俄］安·马克西莫夫 / 文

［俄］玛·索苏尔 / 图

刘昱 / 译

江西美术出版社

全国百佳出版单位

狮子尾巴上的毛长5厘米。

2

狮子的身高约为 **1.2** 米，和你的身高差不多。

我是谁？

希望你能够怀着崇敬的心情读这本书，站起来向它鞠躬都不为过。因为这本书讲的是我们狮子的故事。我，狮子，是草原之王。你明白什么是王吗？

我是最重要的！我是最酷的！

人类小伙伴，你有多高？只有1米多？我的尾巴就有那么长了——0.5~1米。想象一下你的身后有一条1米长的大尾巴是什么样子吧！我已经习惯了，从来不抱怨。我的身长大约3米——想象一下，2.5个你的身高？人类小伙伴，你有多重？不到50千克？在遥远的英国，居住着我们的亲戚辛巴——他的体重达到了375千克！的确很重，我们的体重不轻：公狮子的体重为150~250千克。母狮子轻一些，有120~180千克。草原之王是对我们最合适不过的称呼，无须争辩！

大自然里，狮子有 **8** 个亚种。

非洲生活着大约
50 000 只狮子。

我们的居住地

　　草原之王不但要强壮，还应该有智慧，就像我一样。我们狮子不像其他愚蠢的猫科动物那样单独生活，而是成群居住，我们将其称为"狮群"。狮子们一起和敌人搏斗，也一起捕猎。狮群的阵容可以很小，也可以很大，有时一个狮群里有30只狮子。这是非常强大的力量，不是吗？

　　我们主要居住在热带草原。这是聪明的选择，因为在热带草原上能看得远。有时因为好奇，我们也会去大森林里转转。

　　我们狮子一度住在欧洲、非洲和亚洲。但是人们嫉妒我们、猎捕我们，因为他们也想成为草原之王。现在我们主要生活在非洲。如今人们终于醒悟过来，开始保护我们了。

我们的毛和鬃

　　其他的猫科动物不能一下子区分出公母，但狮子不一样，公狮子比母狮子强壮，最重要的是，公狮子有鬃毛。

　　人类小伙伴，从脑袋上拔下一根头发，量量长度吧。

　　有多长？很短吗？我的鬃毛有 40 厘米长！

　　狮子的鬃毛非常美丽！其他的动物可没有！

　　最不可思议的是，不同亚种的狮子鬃毛也不同。大自然在创造我们时，从不吝惜想象力，因为它在创造草原之王！

鬃毛在视觉上让狮子显得更大，
帮助狮子吓跑敌人。

狮子的鬃毛要长 年。

你可能在想，狮子都是黄色的吗？不是这样的，我们有银灰色、橘红色、红褐色，甚至还有白色的！想象一下白色的狮子宝宝吧！大自然非常爱我们，我知道的。

成年的狮子有 **30** 颗牙齿，比人类少 **2** 颗。

我们的牙齿和爪子

　　大自然中没有两只完全相同的狮子，因此我们在狮群中并不会感到无聊。

　　我们非常强壮，肌肉结实，没有多余的脂肪！我们一掌下去，可以轻松击倒一只重达300千克的斑马。当然，如果他妨碍我在大草原上奔跑的话。

　　想活就当心，不要落入我的口中。我的犬齿可以长到8厘米长！我可不喜欢慢慢悠悠地咀嚼食物，浪费时间！我喜欢先扯下一大口，然后整个吞下去。我咬东西的能力很强，想象一下，130千克的重量作用到1平方厘米上，这种力量该有多大？

　　我的爪子长8厘米，十分灵活。

我们的感官

人类在夜晚能看清东西吗？不能，除非用灯笼或者探照灯照明。我在晚上也能和白天一样看得清楚。

第一，我用眼睛看。我们的眼睛是漂亮的琥珀色，直径20毫米。我从来都不眯着眼睛——就是为了让大家看看我这美丽的大眼珠。

第二，我用胡须"看"。夜晚胡须伸向前，胡须"触角"就能够感知到空气最微弱的振动。

狮子们有时大声吼叫，有时低声哼哼，有时小声咳嗽，有时嗷嗷狂吼。

　　我的叫声很大！8千米外都可以听到我的叫声。你可能认为，我的叫声和其他猫科动物一样，不是这样的，我们的叫声可以传递信息。我可以分辨出是公狮子还是母狮子在吼叫；是在通知我危险，还是在恐吓我；是有很多狮子还是只有几只狮子在向我发信号。我就是这么聪明的动物！

黑夜里，狮子的视力是人类的 **6** 倍。

狮子走路的速度为 **5** 千米／小时。

我们的速度和弹跳力

如果我们在你的城市里奔跑，警察一定会把我们拦下。因为城市里限速 60 千米／小时，而我们奔跑的速度可以达到 80 千米／小时。

现在你放下书，在原地跳起来试一试。有点困难吗？我能跳 3 米高、12 米远！

我一直想找到我的缺点，但是没找到！一方面，我十分灵活，弹跳能力强；另一方面，我十分有耐心。捕猎时，我可以一连几个小时一动不动，静静观察猎物。我是不是很棒？

有时我跑累了，就在树上休息一会儿。或者，当我看见一群非洲水牛时，我也会爬上树，等待猎物自己到来。

母狮子奔跑速度比公狮子快**3**千米／小时。

游泳时，狮子把头伸出水面，防止鼻子进水。

14

我们不怕水

有些人认为，我们和其他猫科动物一样害怕水。真是胡说八道，我们非常喜欢玩水。只不过，并不是所有我们生活的地方都有水。

我喜欢喝水。如果实在没水的话，几个月不喝也没有什么问题。

我有一部分亲戚住在博茨瓦纳北部，那里十分干燥。人们开始怀疑，狮子可以在那里生活吗？当然可以，非常容易，尤其是在雨季来临时。你知道什么是雨季吗？雨季来临时，大雨倾盆，连绵不绝。这时狮子怎么办呢？我们从一个岛游到另一个岛，感觉自己非常酷！

没有什么困难能够阻挡草原之王！

法国人把夜晚婴儿的哭喊称为"狮子下到水里的时候"。

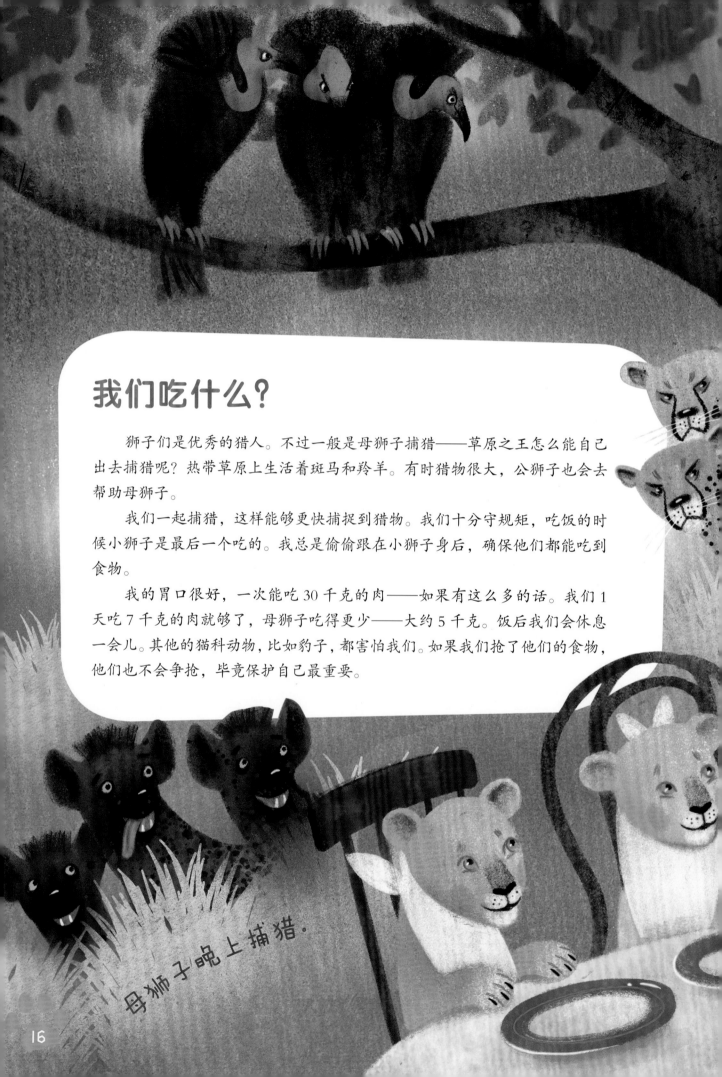

我们吃什么?

狮子们是优秀的猎人。不过一般是母狮子捕猎——草原之王怎么能自己出去捕猎呢? 热带草原上生活着斑马和羚羊。有时猎物很大, 公狮子也会去帮助母狮子。

我们一起捕猎, 这样能够更快捕捉到猎物。我们十分守规矩, 吃饭的时候小狮子是最后一个吃的。我总是偷偷跟在小狮子身后, 确保他们都能吃到食物。

我的胃口很好, 一次能吃 30 千克的肉——如果有这么多的话。我们 1 天吃 7 千克的肉就够了, 母狮子吃得更少——大约 5 千克。饭后我们会休息一会儿。其他的猫科动物, 比如豹子, 都害怕我们。如果我们抢了他们的食物, 他们也不会争抢, 毕竟保护自己最重要。

母狮子晚上捕猎。

狮子 **2~3** 天吃 **1** 次饭。

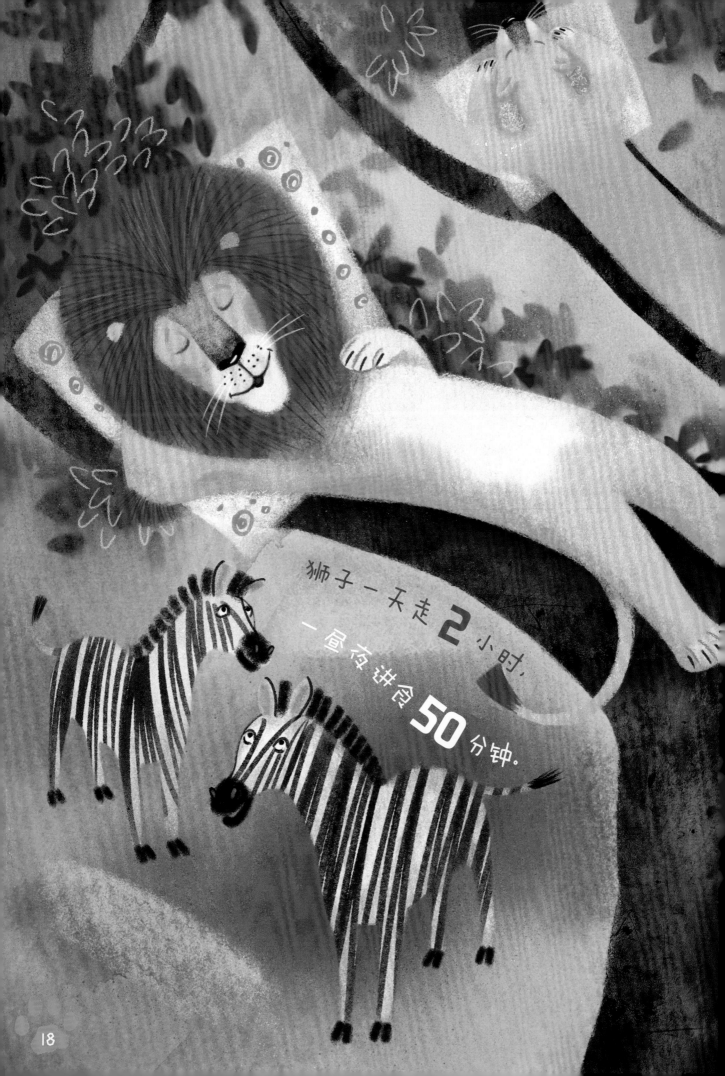

狮子一天走 **2** 小时，一昼夜进食 **50** 分钟。

狮子经常在树上睡觉，睡觉时，垂着爪子。

我们睡觉的地方

　　说实话，我是世界上最爱睡觉的动物了。找到一棵树，爬上去，躺在树枝上，打个盹儿……一天睡足 20 个小时，真是太舒服了！

　　狮子十分遵守秩序，每一个狮群都有自己的领地。

　　你的爸爸妈妈是不是有自己的房子？没错，这是他们的领地。

　　同样，我们也有自己的领地。我们的领地面积在 20~400 平方千米不等。

　　怎样选择领地呢？食物非常重要。我们必须要找到有猎物生活的领地。

　　我们邻居的数量也与食物密切相关。通常 100 平方千米的土地上生活着 12 只狮子。

狮子 **3** 岁就已经成年。

2 岁前，小狮子不会吼叫。

我的童年

　　我的童年很快乐！妈妈告诉我，她已经等了我 110 天。妈妈从狮群中离开，找到一个背阴的地方，在那里，我的哥哥、姐姐和我出生了。狮子妈妈一胎可以生 1~6 个宝宝。

　　刚出生时，我很小，体重只有 1 千克多。11 天后，我睁开了眼睛。15 天后，我已经开始走路了！虽然一开始很困难。

　　7 个月以前，我都喝妈妈的奶，之后我开始吃肉——我要积攒力量，快快长大！

　　在我 10 个月大的时候，妈妈第一次带我去捕猎。11 个月大的时候，我已经开始自己捕猎了！

　　在我 16 个月大的时候，我明白了：我可以独立生活了！啊，童年这么快就过去了！

狮子一般不会主动攻击人类。

狮子最大的敌人
——拿着武器的人类。

我们的天敌

　　唔，我当然没有敌人，我可是草原之王！当然，也有一些我非常不喜欢的动物，比如豪猪。我经常绕着他们走。豪猪的刺长40厘米，非常锋利。谁想被扎一下呢？我们还讨厌尼罗河鳄鱼。我们当然能和他们打斗，但胜负可不一定。我亚洲的亲戚有时还和老虎打架！战斗十分激烈！

　　草原之王当然不会从成群的动物中穿过，太拥挤了。所以当我们看见成群的大象或者水牛，都会避免和他们打照面。

　　还有河马和犀牛。我们并不是害怕他们——我谁都不怕，只不过不想见到他们而已。与豪猪、鳄鱼，甚至象群相比，让我们更讨厌的还有小寄生虫。这些讨厌的蜱虫藏在我的皮肤下，一直咬我，我却赶不走他们——真是个大问题！

你知道吗？

狮子由古老的猛兽进化而来，
已有几百万年的历史！

很久以前，狮子生活在欧洲东南部、中东、印度和非洲大陆。

狮子的祖先被称为穴狮，虽然它们
不住在洞穴里，但经常在洞穴里休息。

科学家从凿在岩洞壁的画上发现，狮子的祖先比现在的狮子长约0.5米、重50~70千克。它们捕鹿，甚至还和猛犸象搏斗！

穴狮的体型比现代狮子稍微大一点，
但尾部没有鬃毛。

科学家不久前证实，穴狮曾经在西伯利亚生活。有的穴狮沿着冰冻的海峡从楚科奇走到了阿拉斯加州，在那里进化，变成了美洲狮。

现在，狮子最亲近的亲戚是老虎和豹子。

动物学家直到现在还在争论，谁是最大的猫科动物——狮子还是老虎？因为人类圈养的狮子看起来比老虎大，而在大自然中，一切恰恰相反。动物园里养的狮子的鬃毛比野外的狮子蓬松很多！

狮子越老，鬃毛的颜色越深。而人类正
相反——随着年龄增长，头发渐渐变白。

在狮群中，鬃毛颜色深的狮子比鬃毛颜色浅的狮子更受大家的尊重！因为狮子们明白，年纪越大越聪明！

狮群中一般生活着几只母狮子、
狮子宝宝和 1~2 只公狮子。

母狮子的任务除了养孩子之外，还有捕猎。公狮子最重要的任务是保护狮群不受其他狮子的攻击。公狮子年满 2~3 岁时，便离开狮群，组建自己的家庭。

母狮子留在出生的狮群里。

我们通常以为只能在非洲（或者动物园里）看到狮子。事实上，狮子也在亚洲生活。它们的体形比非洲狮小，鬃毛少，颜色暗，耳朵很明显。非洲狮的耳朵都被鬃毛盖住了。

狮子是猫科动物的一种,
动物学家又将狮子分为几个亚种。

早先，科学家认为，不同亚种的狮子大小、鬃毛不同，但现在，科学家开始怀疑这一点，还要进一步进行研究才知道结果！让我们来看看都有哪些狮子。

亚洲狮还被称为波斯狮或者印度狮。

印度狮生活在印度古吉拉特邦的吉尔森林国家公园。还有一些生活在欧洲的动物园。印度狮的数量有 500 多只！

近 80 年来，都没有在野外看到巴巴里狮,
但是它们的曾孙生活在动物园里。

很久之前澳大利亚生活着一种袋狮。

袋狮不是真正的狮子。

通过对化石的研究，科学家推论，很久以前，袋狮生活在我们的星球上，它们是澳大利亚真正的统治者，捕食巨大的袋鼠和河马。

刚果狮只在非洲中部的国家
刚果生活。

塞内加尔狮生活在西非，所以它们还被称为西非狮。它们的毛色很浅，体形不大。

大自然中生活着大约 **3000** 只
塞内加尔狮。

东非狮也叫作马赛狮，生活在东非。它们的鬃毛向前伸。马赛狮年纪越大，鬃毛越多！

加丹加狮生活在非洲西南部。
克鲁格狮分布在南非姆普马兰加省与北部省

交界的克鲁格国家公园，数量大约有 **2000** 只。

在德兰士瓦狮中可以看见白色的狮子，它们的毛是奶油色的，皮肤粉粉的，眼睛呈黑色。一般人类饲养的就是这种狮子。

40 年前，科学家在野外发现了白狮子。
在那之前，人们一直认为白狮子
只生活在动物园和传说中！

还有一种斑点狮，它们可能生活在肯尼亚的山脉中，也可能没有。当地人说，这种动物长得很像狮子，但是皮肤上有斑点。但科学家直到现在也没有找到它们！

有可能，它们不是狮子，只不过它们的

爸爸是豹子，妈妈是狮子，它们被称作"豹狮"。

豹狮的鬃毛很短，只有20厘米左右。但它们有狮子般的尾巴，还有豹子般的皮肤——皮肤上有斑纹！

如果爸爸是老虎，妈妈是狮子呢？

它们的孩子被称为"虎狮兽"！

虎狮兽比父母的体形小，鬃毛不多，皮肤上可能同时有斑点和条纹。

如果爸爸是狮子，妈妈是老虎，

那么它们的孩子叫作"狮虎兽"。

狮虎兽体形巨大——大约4米，体重是爸爸的两倍！狮虎兽像一只巨大的狮子，皮肤上有老虎的条纹。只不过它们一般没有鬃毛。

最大的狮虎兽生活在佛罗里达州，它是吉尼斯

世界纪录中世界上最大的猫科动物！

人们称它为赫拉克勒斯，用来纪念古希腊神话中勇敢的英雄。它的体重足足有400千克，是成年人的20倍！用后掌站立起来时，身高是成年人的2倍。

赫拉克勒斯每天吃 **9** 千克肉，但是它并不胖，身材修长，十分灵活！

赫拉克勒斯必须要保持身材，因为它每天都要工作。赫拉克勒斯每天都要在动物园的节目《丛林岛》中表演，还要上很多电视节目！

人们一直将狮子视为勇敢、勇气和力量的象征。勇敢的人称自己有一颗"狮心"。

天空中有一个星座被称为"狮子座"。

很久以前，古埃及人发现，当天上出现这个星座时，在沙漠里能听到狮子的叫声。于是人们将这一星座命名为狮子座，来纪念勇敢的狮子。

狮子雕像经常被摆在宫殿、城堡、政府部门的入口处。石狮子就像警卫员！

意大利的狮子纪念碑最多，俄罗斯圣彼得堡的狮子纪念碑也很多。这些狮子一般坐着或站着，体形很大，人们一看就知道——狮子在站岗！

市徽甚至国徽上也经常画着狮子！

挪威、芬兰、荷兰、保加利亚——很多国家的国徽上都画着骄傲、强壮的狮子。爱沙尼亚和英国的国徽上甚至画了 3 只狮子！

一些城市和村庄用狮子来命名。比如乌克兰有狮城，莫斯科郊外有狮村。

不仅是城市，体育俱乐部（如捷克的冰球俱乐部"狮子"），重型坦克（如德国"狮"式坦克），甚至人都用狮子来命名。

很多著名的作家、演员、学者的父母给他们起名叫狮子！莱昂纳多的意思为"像狮子一样"。

很多谚语和俗语与狮子有关，我们举几个例子，你来猜一猜是什么意思。

越南人说，如果父亲是狮子，那么儿子是小狮子。俄罗斯人说，不要打扰睡觉的狮子。蒙古人认为，狮子不能战胜狐狸。亚美尼亚人认为，在自己的洞里，老鼠是狮子。

很多国家的人认为，虽然狮子在动物园里也能保持狮性，但最好还是生活在大自然里，在那里它们才是真正的草原之王！

人类小伙伴，现在你不怀疑我是真正的草原之王了吧？

我不仅是野兽，还是真正的王！

再见！非洲见！

动物园里的朋友们

本套书共三辑，每辑 10 册，共 30 册。明星作者以第一人称讲故事的形式，展现每个动物最与众不同、最神奇可爱的一面，介绍了每种动物的种类、生活环境、形态特征、生活习性等各方面。让孩子们足不出户也能了解新奇有趣的动物知识。

第一辑（共 10 册）

我是企鹅　我是狐狸　我是刺猬　我是老虎　我是蝙蝠　我是山羊

我是松鼠　我是狮子　我是北极熊　我是大熊猫

第二辑（共 10 册）

我是海豚　我是河马　我是猫　我是蛇　我是长颈鹿　我是驼鹿

我是蚊子　我是蝴蝶　我是浣熊　我是麋鹿

第三辑（共 10 册）

我是小熊猫　我是大象　我是长尾猴　我是斗牛犬　我是考拉　我是树懒

我是袋熊　我是蚂蚁　我是老鼠　我是臭鼬

图书在版编目（ＣＩＰ）数据

动物园里的朋友们. 第一辑. 我是狮子 / （俄罗斯）
安·马克西莫夫文；刘昱译. -- 南昌：江西美术出版
社，2020.11
ISBN 978-7-5480-7508-0

Ⅰ．①动… Ⅱ．①安… ②刘… Ⅲ．①动物－儿童读
物②狮－儿童读物 Ⅳ．①Q95-49

中国版本图书馆CIP数据核字（2020）第070776号

版权合同登记号 14-2020-0158
Я лев
© Maksimov A., text, 2016
© Susol M., illustrations, 2016
© Publisher Georgy Gupalo, design, 2016
© OOO Alpina Publisher, 2016
The author of idea and project manager Georgy Gupalo
Simplified Chinese copyright © 2020 by Beijing Balala Culture Development Co., Ltd.
The simplified Chinese translation rights arranged through Rightol Media (本书中文简体版权经由锐拓
传媒旗下小锐取得Email:copyright@rightol.com)

出 品 人：周建森
企 划：北京江美长风文化传播有限公司
策 划：巴拉拉
责任编辑：楚天顺 朱鲁巍
特约编辑：石 颖 吴 迪 王 毅
美术编辑：童 磊 周伶俐
责任印制：谭 勋

动物园里的朋友们（第一辑） 我是狮子
DONGWUYUAN LI DE PENGYOUMEN(DI YI JI) WO SHI SHIZI

[俄]安·马克西莫夫 / 文 [俄]玛·索苏尔 / 图 刘昱 / 译

出 版：江西美术出版社		印 刷：北京宝丰印刷有限公司		
地 址：江西省南昌市子安路 66 号		版 次：2020 年 11 月第 1 版		
网 址：www.jxfinearts.com		印 次：2020 年 11 月第 1 次印刷		
电子信箱：jxms163@163.com		开 本：889mm×1194mm 1/16		
电 话：0791-86566274 010-82093785		总 印 张：20		
发 行：010-64926438		ISBN 978-7-5480-7508-0		
邮 编：330025		定 价：168.00 元（全 10 册）		
经 销：全国新华书店				

你知道吗？

世界上最大的狮子从鼻子到尾巴的长度可达 4 米。雄狮的平均寿命约为 15年，雌狮的平均寿命约为18年。雌狮比雄狮奔跑速度快。每种狮子颜色和身上斑点的分布各有不同。

目录

2-3 我是谁？	14-15 我们不怕水
4-5 我们的居住地	16-17 我们吃什么？
6-7 我们的毛和鬃	18-19 我们睡觉的地方
8-9 我们的牙齿和爪子	20-21 我的童年
10-11 我们的感官	22-23 我们的天敌
12-13 我们的速度和弹跳力	24-29 你知道吗？

一些关于狮子的故事，连大人都不知道。

《动物园里的朋友们》系列图书是莫斯科动物园著名专家、作家和插画家合作的成果。它不是无聊的百科全书，而是动物世界的奇妙之旅，在这次旅程中，你能了解到甚至连爸爸妈妈都不知道的故事。

在这本书里你能提前学到小学的知识！

安·马克西莫夫

本书的作者是安·马克西莫夫——电视和电台主持人、俄罗斯科学院成员、心理学家、剧作家、导演、教育类图书作者。已经出版了40多部作品，体裁包括：童话、长篇小说、短篇小说、剧本。

上架建议：科普绘本

ISBN 978-7-5480-7508-0

9 787548 075080 >

国兴文盛 乐在阅读

官方微信二维码

定价：168.00元（全10册）

有力量 · 有智慧 · 有体格

动物园里的朋友们
（第一辑）

我是北极熊

［俄］亚·阿尔汉格尔斯基 / 文

［俄］米·索洛维约夫 / 图

于贺 / 译

江西美术出版社
全国百佳出版单位